河南省工程建设标准

# 地下工程变形缝
# 灌注型一体化防水技术标准

Technical specification for perfusion integration waterproofing
technology for deformation joint of underground works

DBJ41/T 269-2022

主编单位:郑州市城市隧道综合管理养护中心
批准单位:河南省住房和城乡建设厅
施行日期:2022 年 11 月 1 日

黄河水利出版社
2023　郑州

**图书在版编目(CIP)数据**

地下工程变形缝灌注型一体化防水技术标准/郑州
市城市隧道综合管理养护中心主编. —郑州:黄河水利
出版社,2023.5

ISBN 978-7-5509-3570-9

Ⅰ.①地… Ⅱ.①郑… Ⅲ.①地下工程-结点(结构)-
灌注桩-建筑防水-技术标准 Ⅳ.①TU94-65

中国国家版本馆 CIP 数据核字(2023)第 078332 号

---

出　版　社:黄河水利出版社
　　　　　　地址:河南省郑州市顺河路黄委会综合楼 14 层　邮政编码:450003
发行单位:黄河水利出版社
　　　　　　发行部电话:0371-66026940、66020550、66028024、66022620(传真)
　　　　　　E-mail:hhslcbs@126.com
承印单位:河南豫兴印刷有限公司
开本:850 mm×1 168 mm　1/32
印张:1.25
字数:31 千字
版次:2023 年 5 月第 1 版　　　　　　　印次:2023 年 5 月第 1 次印刷

定价:36.00 元

# 河南省住房和城乡建设厅文件

公告〔2022〕49 号

## 河南省住房和城乡建设厅
## 关于发布工程建设标准《地下工程变形缝
## 灌注型一体化防水技术标准》的公告

现批准《地下工程变形缝灌注型一体化防水技术标准》为我省工程建设地方标准,编号为 DBJ41/T 269-2022,自 2022 年 11 月 1 日起在我省施行。

本标准在河南省住房和城乡建设厅门户网站(www. hnjs. gov. cn)公开,由河南省住房和城乡建设厅负责管理。

附件:地下工程变形缝灌注型一体化防水技术标准

河南省住房和城乡建设厅
2022 年 9 月 15 日

# 前　言

　　根据河南省住房和城乡建设厅《关于印发〈2019 年第二批工程建设标准（定额）编制计划〉的通知》（豫建科〔2019〕372 号）的要求，结合城市地下工程变形缝建设施工及维修治理工作的需要，郑州市城市隧道综合管理养护中心、中国船舶集团有限公司第七二五研究所会同相关单位共同编制本标准。标准编制组经广泛调查研究，认真总结技术成果和实践经验，并在广泛征求意见的基础上编制本标准。

　　本标准共分 7 章和 1 个附录，主要技术内容是：总则、术语、材料、设计、施工、工程质量验收、施工安全与环保。

　　本标准由河南省住房和城乡建设厅负责管理，由郑州市城市隧道综合管理养护中心负责具体技术内容的解释。执行过程中如有意见或建议，请寄送郑州市城市隧道综合管理养护中心（地址：郑州市管城区紫荆山路 219 号；邮编：450000；传真及联系电话：0371-60337107；电子邮箱：zzsdgyzx@ 126. com）。

**主编单位**：郑州市城市隧道综合管理养护中心

**参编单位**：中国船舶集团有限公司第七二五研究所

　　　　　　洛阳双瑞特种装备有限公司

　　　　　　河北鲸创新材料科技有限公司

**主要起草人**：铁新纳　宋建平　乔涵宇　姜文英　李志文
　　　　　　　林子卿　韩　伟　王建彬　张　涛　耿丽红
　　　　　　　马宏伟　夏兵昌　张双杰　朱艳飞　岐　松
　　　　　　　朱俊华

**主要审查人**：吴纪东　李美利　白召军　孙海胜　付大喜
　　　　　　　钟燕辉　汪志昊

# 目　次

# 1 总　　则

**1.0.1**　为规范地下工程中变形缝灌注型一体化防水技术,做到质量可靠、技术先进、绿色环保、安全适用和经济合理,制定本标准。

**1.0.2**　本标准适用于河南省城市地下道路及通道、地下铁道、综合管廊、房屋建筑地下工程等变形缝采用灌注型一体化防水技术的建设施工及维修治理。

**1.0.3**　地下工程变形缝防水的设计和施工应遵循"防、排、截、堵相结合,刚柔相济,因地制宜,综合治理"的原则。

**1.0.4**　地下工程变形缝灌注型一体化防水的设计、施工、工程质量验收、安全与环保除应符合本标准外,尚应符合国家和河南省现行有关标准的规定。

# 2 术　语

**2.0.1** 地下工程变形缝 deformation joint of underground works

避免地下工程结构间因在温度、沉降、地震等外界因素作用下产生变形引起开裂甚至破坏而预设的构造措施,包含伸缩缝、沉降缝和抗震缝。

**2.0.2** 型腔 cavity

用于灌注防水材料的成型空间结构。

**2.0.3** 灌注型一体化防水技术 perfusion integration waterproofing technology

利用结构界面搭建封闭型腔,现场配制并灌注防水材料,在地下工程变形缝处形成连续无断口的黏接密封结构的一种防水技术。

**2.0.4** 柔性高黏接防水材料 flexible high bonding waterproof material

具有高柔性、与结构界面形成高黏接性能的低模量聚氨酯弹性体。

**2.0.5** 界面增强剂 interface enhancer

用于增强柔性高黏接防水材料与结构界面黏接性能的一种涂层材料。

**2.0.6** 背衬材料 backing material

用于形成型腔、控制防水材料灌注深度及灌注形状的材料。

# 3 材 料

## 3.1 一般规定

**3.1.1** 本标准涉及的防水材料不应对人体及其他生物、环境、结构性能造成有害影响,安全与环保要求应符合国家现行相关标准的规定。

**3.1.2** 材料进场时应按附录 A 的相关规定进行抽样检验。

## 3.2 性能指标

**3.2.1** 柔性高黏接防水材料的性能指标应符合表 3.2.1 的规定。

表 3.2.1 柔性高黏接防水材料的性能指标

| 项目 | 单位 | 指标 | 检验方法 |
|---|---|---|---|
| 流平性 | — | 光滑平整 | GB/T 13477.6 |
| 表干时间 | h | ≤4 | GB/T 16777 |
| 实干时间 | h | ≤24 | GB/T 16777 |
| 固含量 | % | ≥99 | GB/T 16777 |
| 不透水性(0.4 MPa,2 h) | — | 不透水 | GB/T 16777 |
| 硬度[(23±2)℃] | 邵 AO | 30~45 | GB/T 531 |
| 拉伸弹性模量[(23±2)℃] | MPa | ≤0.4 | GB/T 13477.8—2017 中 A 法 |
| 拉伸强度 | MPa | ≥3.0 | GB/T 528—2009 Ⅱ型试样 |

| 项目 | | 单位 | 指标 | 检验方法 |
|---|---|---|---|---|
| 断裂伸长率 | | % | ≥800 | GB/T 528—2009 Ⅱ型试样 |
| 老化试验（拉伸强度及断裂伸长率性能保持率） | 热空气老化，70 ℃×168 h | % | ≥80 | GB/T 16777 |
| | 湿热老化，40 ℃×93%×168 h | | | GB/T 15905 |
| 耐水性能（拉伸强度及断裂伸长率性能保持率） | 耐碱水性能，0.1%氢氧化钠溶液中加入氢氧化钙试剂，达到饱和状态，168 h | % | ≥80 | GB/T 16777 |
| | 耐盐水性能，30%氯化钠溶液，168 h | | | |
| 黏结强度 | | MPa | ≥1.5 | GB/T 16777 |
| 浸水后定伸黏结性能 | | — | 无破坏 | GB/T 13477.11 |
| 定伸黏结性能 | （23±2）℃ | — | 无破坏 | GB/T 13477.10 |
| 防霉性能 | | — | 0 级 | GB/T 2423.16 |
| 氧指数 | | — | ≥27 | GB/T 10707 |

**3.2.2** 界面增强剂应与柔性高黏接防水材料配套使用,其性能指标应符合表 3.2.2 的规定。

表 3.2.2　界面增强剂性能指标

| 项目 | 单位 | 指标 | 检验方法 |
|------|------|------|----------|
| 外观质量 | — | 均匀、黏稠液体，无凝胶、结块 | 目测 |
| 表干时间 | h | ≤4 | GB/T 16777 |
| 实干时间 | h | ≤24 | GB/T 16777 |
| 附着力 | MPa | ≥2.5 | GB/T 5210 |

# 4 设 计

## 4.1 一般规定

**4.1.1** 地下工程变形缝灌注型一体化防水构造应由柔性高黏接防水材料、界面增强剂和背衬材料等组成。

**4.1.2** 地下工程变形缝灌注型一体化防水技术可与其他防水技术一起形成多道设防体系。

## 4.2 防水构造

**4.2.1** 地下工程变形缝灌注型一体化防水构造应根据工程类型选择构造形式。

    **1** 新建常规工程可采用图 4.2.1-1 的构造,在内侧顶板、侧板和底板处分别灌注一道柔性高黏接防水材料,其中顶板、侧板和底板材料交界处应一体化成型,无断口。

    **2** 易发生涌流的新建重要工程可采用图 4.2.1-2 的构造,在顶板和侧板处分别灌注两道柔性高黏接防水材料,在底板处灌注一道柔性高黏接防水材料,其中顶板、侧板和底板材料交界处应一体化成型,无断口。

    **3** 维修工程可根据工程在建造时中埋式止水带的安装情况进行选择。建造时已设置中埋止水带的维修工程,宜采用图 4.2.1-1、图 4.2.1-2 的构造;建造时未设置中埋式止水带的维修工程,宜采用图 4.2.1-3、图 4.2.1-4 的构造。

**4.2.2** 当地下工程埋深不大于 20 m 时,柔性高黏接防水材料厚度不应小于 30 mm。当地下工程埋深大于 20 m 时,柔性高黏接防水材料厚度不应小于 50 mm。

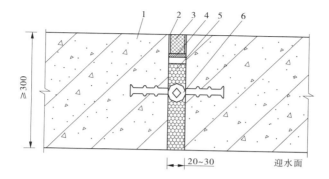

1—工程结构(混凝土示意);2—界面增强剂;3—柔性高黏接防水材料;
4—背衬材料;5—填缝材料;6—中埋式止水带。

**图 4.2.1-1 变形缝防水构造(一)**

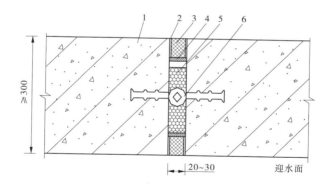

1—工程结构(混凝土示意);2—界面增强剂;3—柔性高黏接防水材料;
4—背衬材料;5—填缝材料;6—中埋式止水带。

**图 4.2.1-2 变形缝防水构造(二)**

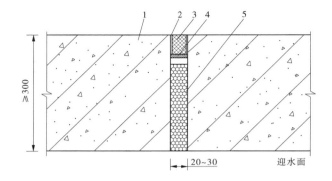

1—工程结构(混凝土示意);2—界面增强剂;3—柔性高黏接防水材料;
4—背衬材料;5—填缝材料。

**图 4.2.1-3　变形缝防水构造(三)**

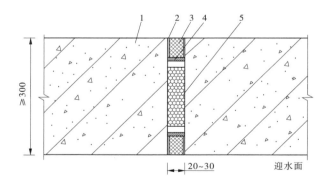

1—工程结构(混凝土示意);2—界面增强剂;3—柔性高黏接防水材料;
4—背衬材料;5—填缝材料。

**图 4.2.1-4　变形缝防水构造(四)**

# 5 施 工

## 5.1 施工准备

**5.1.1** 施工前应检查现场实地环境和结构状况。

**5.1.2** 施工前应编制施工方案并经批准实施,施工过程严格按照施工方案进行。

**5.1.3** 施工前对设备完好性的检查应符合下列规定:

 **1** 浇注机、电钻、工业吸尘器、便携式热风机、射钉枪等施工设备及工具应完好。

 **2** 含水率测试仪、电子秤、橡胶硬度计、钢卷尺等现场检验及测量工具应可正常使用。

**5.1.4** 施工前对材料合格性的检查应符合下列规定:

 **1** 柔性高黏接防水材料和界面增强剂应具备合格证和检测报告,材料性能及数量应符合设计要求。

 **2** 背衬材料、模板等周转材料应完好、齐全。

## 5.2 施 工

**5.2.1** 清理变形缝基底,清理纵向深度不少于 60 mm,清理后基底截面应整齐,结构表面无杂物。

**5.2.2** 变形缝渗漏水部位应进行封堵,封堵后应保持至少 24 h 不渗漏。

**5.2.3** 结构黏接面应打磨至新结构面,打磨深度应大于黏接深度。结构表面油污应用溶剂擦拭干净。黏接面清理后应无空鼓、松动、浮渣、浮灰等,且表面清洁。

**5.2.4** 采用含水率测试仪检查结构黏接面含水率,每 2 m 检测点数量不少于 1 个,黏接面含水率应不大于 20%。

**5.2.5** 界面增强剂涂刷应符合下列规定：

**1** 涂刷界面增强剂前检查结构黏接面，应符合本标准 5.2.4 的相关规定。

**2** 界面增强剂涂刷一道，膜厚应均匀且完全覆盖底面、无堆积。

**3** 除结构黏接面外，其余表面不应沾有界面增强剂。

**4** 界面增强剂施工后养护至表干，如有扬尘，应在表面进行覆盖防护，涂膜应清洁、干燥。

**5.2.6** 型腔封闭应符合下列规定：

**1** 根据变形缝的实际宽度和结构选择背衬材料和模板材料对型腔进行封闭，背衬材料和模板材料应安装牢固、灌注时应不漏液。

**2** 背衬材料可分段铺设安装，安装完成后不超过 2 m 间距检验背衬材料位置，应符合成型后的结构形状和尺寸要求。背衬材料表面可覆盖薄膜，灌注时应不变形、不漏液，与防水材料不黏接。

**3** 根据变形缝实际宽度和构造尺寸选择模板材料种类和规格，采用分段铺设安装并固定，灌注时应不变形、不漏液。

**4** 根据施工方案设置灌注孔及出料孔，结构示意见图 5.2.6-1、图 5.2.6-2。

**5** 采用图 5.2.6-1 结构时，型腔为内层，顶面、立面和底面均采用模板材料封闭，灌注孔和出料孔宜开设在结构构造内部顶面，灌注孔和出料孔间距以 5~10 m 为宜，灌注孔尺寸与灌注设备实际出料口尺寸一致。

**6** 采用图 5.2.6-2 结构时，型腔分为内、外两层，内层顶面、立面、底面和外层立面均采用模板材料封闭，灌注孔宜开设在外层顶部，多个灌注孔间距宜取 5 m，灌注孔宽度宜取 50~100 mm。

**5.2.7** 灌注柔性高黏接防水材料应符合下列规定：

**1** 柔性高黏接防水材料配制时称量误差不应超过 1%，应混合均匀、充分后进行真空脱泡,真空度不应低于-0.09 MPa。出料温度应根据环境温度确定,最高温度不宜超过 60 ℃。

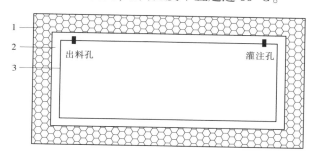

1—填缝材料;2—型腔;3—模板材料。

**图 5.2.6-1 变形缝灌注孔及出料孔示意图**

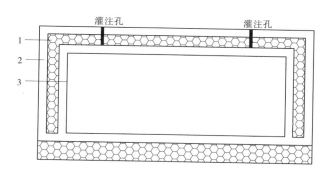

1—填缝材料;2—型腔;3—模板材料。

**图 5.2.6-2 变形缝灌注孔示意图**

**2** 柔性高黏接防水材料配置好后,应在 30 min 内用完,随配随用。

**3** 灌注应采用无压方式,可一次灌注成型,也可分段灌注成型。采用分段灌注成型时,应注意两段之间时间间隔不宜超过 24 h,且需保持两段界面干净清洁。

**4** 采用图 5.2.6-1 结构灌注时宜采用设备灌注,灌注至出料孔出现溢料时为完成。

    **5**  采用图 5.2.6-2 结构灌注时可采用人工灌注或设备灌注，灌注至灌注孔中充满柔性高黏接防水材料且液面不再下降时为完成。

    **6**  柔性高黏接防水材料灌注后 24 h 内，应避免外部水混入型腔，且应避免可能出现的人为损伤或机械损伤。

**5.2.8**  灌注 24 h 后拆除模板检查，变形缝表面应光滑、平整，无裂纹。材料或黏接处的开裂、缺胶等局部缺陷应重新灌注材料进行修补。

## 5.3  施工注意事项

**5.3.1**  施工环境应符合下列规定：

    **1**  施工时变形缝表面温度不宜超过 45 ℃。

    **2**  负温环境下不宜施工。

    **3**  5 级及以上大风、雨雪天气等环境下不应露天施工。

**5.3.2**  柔性高黏接防水材料不同组分包装和标志应有明显区别，包装应密封、牢固，不应随意打开产品包装。

**5.3.3**  材料在运输过程中，应避免阳光直接暴晒、雨淋雪浸，并保持清洁；防止碰撞或受力变形；注意防火。

**5.3.4**  材料储存应干燥通风，避免阳光直晒，防止撞击及挤压，保持清洁。产品应离热源 5 m 以上，避免与酸、碱、油类、有机溶剂等物质相接触。

# 6 工程质量验收

## 6.1 质量要求

**6.1.1** 变形缝两侧结构应满足强度和外观质量要求。

**6.1.2** 柔性高黏接防水材料与变形缝两侧的结构应黏结牢固,外观光滑平整,不应有开裂、缺胶等现象。

**6.1.3** 施工过程中应填写隐蔽工程验收记录,必要时应留存图片或者影像资料。

## 6.2 质量验收

**6.2.1** 采用灌注型一体化防水技术施工的变形缝所用的柔性高黏接防水材料和界面增强剂应符合材料指标要求。

**6.2.2** 采用灌注型一体化防水技术施工后的变形缝成品检查应符合表 6.2.2 要求。

**表 6.2.2　成品实测实量指标**

| 序号 | 检验项目 | 指标要求 | 测量方法 |
|------|----------|----------|----------|
| 1 | 外观 | 严禁有渗漏,表面不应出现裂纹、空洞等缺陷 | 目视法 |
| 2 | 平整度 | 1 m 长度内平整度应不大于 5 mm | 观察和尺量检查,按灌注长度每 10 m 抽查 1 处;每处 1 m,且不得少于 3 处 |
| 3 | 循环拉伸性能 | 频率 0.01 Hz、拉伸量 60 mm、200 次无破坏 | 见附录 A,按防水材料用量每 5 t 抽检 1 次,不足 5 t 按 1 次 |

**6.2.3** 工程验收时应提供设计文件、施工方案、图纸会审、设计变更、洽商记录单、质量保证措施、材料的合格证和复试报告、施工检查记录、隐蔽工程验收记录等资料。

**6.2.4** 当防水工程未达到设计要求时,应编制专项维修方案,经施工单位、设计单位、监理单位和建设单位技术负责人审核审批后实施。维修完成后,应进行二次验收。

**6.2.5** 工程验收后验收资料分别由建设单位和施工单位存档。

# 7 施工安全与环保

## 7.1 安 全

**7.1.1** 一般规定

**1** 作业人员应接受安全教育和技术交底。

**2** 检查施工现场是否存在交叉作业,当存在交叉作业时应保证作业安全和施工质量。

**3** 施工后应清理作业现场,保持场地整洁。

**7.1.2** 交通安全

**1** 施工期间应配备安全值守人员巡视、检查、维护变形缝施工区域,并引导交通。

**2** 施工时如遇其他工程车辆、机械、人员进入作业区,应及时疏导离开。

**3** 维修项目应提前与相关部门确定道路封闭时间,施工后应及时恢复交通。

**7.1.3** 临时用电安全

**1** 临时配电线路应按相关规范要求架设整齐,施工机具、车辆及人员应与配电线路保持安全距离。

**2** 手持电动工具的使用应符合国家标准的有关规定。

**3** 施工电源开关箱应设漏电保护器,防止漏电伤人。

**4** 施工现场应有专职电工进行电气接拆线。

**7.1.4** 高空作业安全

**1** 高空作业应设防护措施和明显警示标志。

**2** 高空作业所用的工具、机具、材料等应放置稳妥,上、下传递物件时严禁抛掷。

**3** 脚手架应符合规定,不得超过设计荷载。使用前应检查是否坚固、结实、平衡,上下脚架要有良好的扶手,确保安全。

**7.1.5** 消防安全

    **1** 现场应设置明显的防火标志,健全完善的防火管理制度。

    **2** 施工现场应配备相应的消防器材。

**7.1.6** 职业健康安全

    **1** 施工人员应按规定佩戴劳保防护用品。

    **2** 施工现场应有防尘措施。

    **3** 现场材料配制时应采取通风措施。

## 7.2 环　境

**7.2.1** 由施工产生的废弃包装应集中统一处理,不得随意倾倒、丢弃。

**7.2.2** 施工现场垃圾渣土应及时清理出现场。

# 附录 A 循环拉伸试验

## A.1 试验概述

将试验用柔性高黏接防水材料、界面增强剂与混凝土试块，随工程现场灌注制备形成黏接试样(见图 A.1)。按照规定条件，将试件进行 200 次拉伸循环试验后，记录黏接面及本体破坏情况，表征整体装置满足混凝土伸缩、错位变化性能。

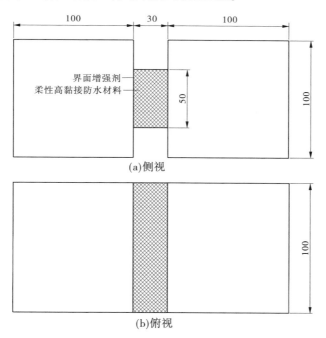

图 A.1 黏接试样示意图

## A.2 试验条件

实验室标准温度为(23±2)℃,标准湿度为50%±5%。

## A.3 试 样

### A.3.1 混凝土试样

按照GB/T 13477.1规定制备混凝土试样,尺寸为100 mm×100 mm×100 mm,混凝土强度等级为C40,每组试验需两个混凝土试样。试验数量为1组。

### A.3.2 试样制备

**1** 将混凝土试样黏接面进行打磨处理,基面应无空鼓、松动、浮渣、浮灰等,确保表面清洁,露出新鲜混凝土面。

**2** 在混凝土试样黏接面上涂刷一道界面增强剂,涂膜应均匀无堆积,不得露底面。

**3** 封闭浇筑型腔后,将已配置好的柔性高黏接防水材料注入浇筑型腔内。

**4** 材料现场固化72 h后,在实验室调节8 h以上可进行试验。

## A.4 试验方法

**1** 将符合要求的黏接试样装入疲劳试验机,以初始位置进行循环拉伸试验。

**2** 试验条件:频率0.01 Hz,最大拉伸量60 mm,循环200次。

**3** 试验完成后观察黏接部位及柔性高黏接防水材料部位是否破坏。破坏产品为不合格产品。

## A.5 试验报告

试验报告应包含以下内容:

**1** 试件概况描述:包括柔性高黏接防水材料批次号、界面增强剂批次号与混凝土试样强度等级。

**2** 疲劳试验机的型号、性能及配置描述。

**3** 试验过程中的异常现象描述。

**4** 试验结果的分析及评定。

**5** 附试验照片。

# 本标准用词说明

    **1**  为便于在执行本标准条文时区别对待，对要求严格程度不同的用词说明如下：

    1）表示很严格，非这样做不可的：

    正面词采用"必须"，反面词采用"严禁"。

    2）表示严格，在正常情况下均应这样做的：

    正面词采用"应"，反面词采用"不应"或"不得"。

    3）表示允许稍有选择，在条件许可时首先应这样做的：

    正面词采用"宜"，反面词采用"不宜"。

    4）表示有选择，在一定条件下可以这样做的，采用"可"。

    **2**  本标准中指明应按其他有关标准、规范执行的写法为"应按……执行"或"应符合……的规定"。

# 引用标准名录

1 《地下工程防水技术规范》GB 50108
2 《地下防水工程质量验收规范》GB 50208
3 《城市综合管廊工程技术规范》GB 50838
4 《建筑密封材料试验方法》GB/T 13477
5 《建筑防水涂料试验方法》GB/T 16777
6 《建筑防水工程现场检测技术规范》JGJ/T 299

河南省工程建设标准

# 地下工程变形缝
# 灌注型一体化防水技术标准

DBJ41/T 269-2022

条 文 说 明

# 目　次

# 1 总 则

**1.0.1** 我省在地下工程建设过程中,变形缝防水的设计和施工、运营维修养护均取得了一定的经验和成果。为了更好地发挥地下工程变形缝防水有效经验和成果,适应我省地下工程建设的需要,故制定本标准。

缝隙漏水是地下工程防水体系的薄弱环节,尤其是变形缝、施工缝位置,处理不当极易发生渗漏水问题,影响正常运营及使用寿命。地下工程变形缝灌注型一体化防水技术以高黏接性、低模量、高自适应性材料为基础,通过适当的构造设计、施工技术等,使地下工程构造界面形成了连续、密闭的一体化防排水体系,该防水构造具有绿色环保、防水效果优异、耐久性好、可修复等特点。为进一步规范地下工程变形缝灌注型一体化防水技术相关的材料生产、产品安装施工及相关验收等工作,更好地进行产品质量控制,并适应我省地下工程规模化发展建设需求,故制定本技术标准。

**1.0.2** 本标准主要适用于河南省城市各类采用灌注型一体化防水技术的地下工程变形缝防水项目。地下工程防排水应遵循"防、排、截、堵结合,刚柔相济,因地制宜,综合治理"的原则。自然条件多变,项目工况各不相同,如隧道、综合管廊、地铁、地下人行通道等,因此地下工程变形缝防水在遵循上述原则的基础上,还应结合实际情况,因地制宜地补充完善。

# 3 材 料

**3.2.1** 目前地下工程变形缝普遍采用中埋式止水带结构,并采用普通密封胶进行填充。采用中埋式止水带防水时在结构原理上不可避免地存在接缝或间隙,虽然做出了接缝施工的要求,但现场操作难度较大,仍存在较多缺陷。由于地下水压较大,无法完全封闭防水,且由于产品结构、施工问题及材料缺陷等,发生渗漏水的概率很高,成为限制地下工程正常运行和缩短其使用寿命的关键问题所在,急需新材料、新结构来解决该问题。

针对地下工程变形缝的防水难题,开发了一种能与结构界面牢固黏接的、具有较大柔性的高黏接防水材料,采用现场灌注的方式,固化后可以将工程内外全部封闭隔离,可以保证变形缝在发生伸缩及位错位移时无渗漏水,同时材料的耐候性和耐老化性能优异,保证防水密封长期有效。

柔性高黏接防水材料是由双组分聚氨酯混合固化形成的,其中混合配料过程是在现场进行的,因此为保证材料施工时具有操作便利性、材料可靠、耐久性高及材料使用过程无霉变等,其工艺性能、材料力学性能、耐老化性能、防霉变性能、燃烧性能及黏接性能应符合下列规定:

**1** 现场施工时要求材料具有足够的可操作时间及流平性,防止灌注时产生空洞现象。

**2** 材料应具有低模量、高伸长率的特点,规定了其具有足够的拉伸强度的同时亦可保证柔性。

**3** 材料位于环境湿度大的地下土壤中,土壤中存在的各种微生物及霉菌等会对其造成不利影响;地下水中含有大量的碱、盐等离子也会对材料造成影响,而使用过程中因混凝土的收缩徐变、温度变化造成的伸缩位移,地质沉降作用产生的剪切位移,土壤回填及顶部载荷产生的竖向压载作用均会对变形缝产生影响,因此针对环境特点,考虑高湿、热氧、霉菌、碱、盐等腐蚀因素,规定了材料在多种老化条件下的性能要求,包括热空气老化性能、湿热老化性能、耐碱水性能、耐盐水性能和防霉性能。内容如下:

1)耐湿热性能

地下空间工程土壤埋深一般为 15～20 m,环境温度维持在 10～15 ℃,潮湿度较高,因此按照《硫化橡胶湿热老化试验方法》(GB/T 1505),分别在 40 ℃和 70 ℃下进行湿热老化试验,环境湿度为 93%,结果见表 1。

表 1　柔性高黏接防水材料湿热老化结果

| 湿热条件 | 老化时间/h | 拉伸强度/MPa | 断裂伸长率/% | 表观情况 |
|---|---|---|---|---|
| 原始样品 | 0 | 5.17 | 1 000 | —— |
| 40 ℃、93% | 168 | 5.67 | 1 100 | 无变化 |
| 70 ℃、93% | | 1.10 | 1 600 | 发生溶胀、变色 |

在 40 ℃条件下,柔性高黏接防水材料外观及性能无明显变化,由于后固化效应,拉伸强度和断裂伸长率有所上升,表明在常规使用温度下,弹性体材料具有优异的耐湿热环境性能。在高温 70 ℃情况下,柔性高黏接防水材料发生溶胀、变色现象,拉伸性能下降较大,但材料仍具有一定的拉伸强度和延伸率。

此外,综合管廊热力管道网络的水介质温度在 100 ℃以上,当管道发生泄漏时,热水虽然不会直接浸泡柔性高黏接防水材料,但产生的热气会对材料性能产生影响,因此在 100 ℃、80 ℃、70 ℃及 60 ℃的温度梯度下对材料进行热浸水试验,结果如图 1 所示。

柔性高黏接防水材料在进行热浸水后,拉伸强度在前期快速下降,后期逐步稳定。在 70 ℃以上下降明显,而在 60 ℃情况下前

96 h 处理试样下降明显,但拉伸强度仍在 4 MPa 以上,后期变化趋于稳定。当热力管道发生泄漏时,底板变形缝处热水可能达到 60~70 ℃,但 48 h 内的拉伸强度仍在 3.5 MPa 以上,另外由于不直接接触,对材料影响较小,具备足够的抢修时间。

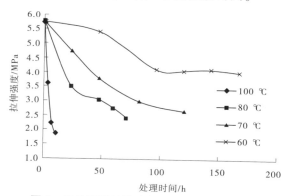

**图 1　柔性高黏接防水材料热浸水试验结果**

2)疲劳性能

地下工程变形缝考虑温度变形和沉降变形等情况,在不同位移条件下进行拉伸疲劳和剪切疲劳试验,试验结果见表 2,试验照片见图 2。

**表 2　疲劳性能试验结果**

| 试验项目 | 位移量/mm | 试验类型 | 试验结果 |
|---|---|---|---|
| 拉伸疲劳 | 15 | 循环拉伸 100 次 | 无破坏 |
|  | 30 |  | 无破坏 |
|  | 60 |  | 无破坏 |
|  | 120 | 定伸 24 h | 无破坏 |

| 试验项目 | 位移量/mm | 试验类型 | 试验结果 |
|---|---|---|---|
| 剪切疲劳 | ±30 | 循环剪切 100 次 | 无破坏 |
| | ±50 | | 无破坏 |
| | ±80 | | 无破坏 |
| | 80 | 定伸 24 h | 无破坏 |

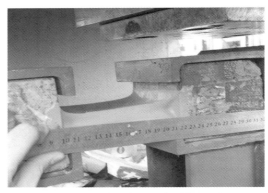

图 2 变形缝拉伸疲劳和剪切疲劳试验照片

3）防霉性能

根据标准 GB/T 2423,对柔性高黏接防水材料进行霉菌培养试验,霉菌种类包括黑曲霉、土曲霉、球毛壳、青霉、树脂子囊霉、绿色木霉等,培养周期 28 d,同时做对比试验,试验结果见表 3。

表 3　柔性高黏接防水材料霉变试验结果

| 样品名称 | 长霉等级 | 长霉面积/% | 说明 |
|---|---|---|---|
| 阴性控制(7 d) | 3 | 100 | 长满 |
| 柔性高黏接防水材料(28 d) | 0 | 0 | 无 |

结果表明柔性高黏接防水材料长霉等级达到 0 级,表面在长时间霉菌培养情况下,不发生任何变化,具有优异的抗霉菌性能,在地下丰富的微生物环境下能够保持不霉变腐烂,能够较好地适应地下环境。

4）燃烧性能

采用氧指数法对弹性体进行燃烧性能的测试。结果表明燃烧氧指数为 27.4,而且弹性体在燃烧过程中无明显火焰及烟雾冒出,高温情况下弹性体降解发生滴落。火焰离开后,弹性体恢复正常,表明材料不易燃烧,其耐火、阻燃性能良好,符合防火要求。

5）其他性能

材料与结构物的黏接是防水密封的关键,因此规定了黏接强度、定伸黏接性能、浸水后定伸黏接性能。

**3.2.2**　界面增强剂是一种涂层材料,可增强柔性高黏接防水材料与工程结构界面的黏接性能。在选材时从其表干性能、涂膜性能、润湿性能、黏接性能等多个方面进行对比分析,通过试验研究发现,界面增强剂能够渗透结构物表面,具有增强结构物界面、封闭水分的作用,可大幅提高柔性高黏接防水材料与结构物的黏接强度及耐久性。

# 4 设 计

**4.1.1** 对于明挖、暗挖及维修工程设计时,在顶板、侧板和底板形成的内腔中,设计灌注一道防水材料,形成全封闭的防水结构。

**4.1.2** 对于易发生涌流的重要的明挖工程,外衬变形缝处具备灌注施工的条件下,可在顶板和侧板处,分别在内腔和外衬各灌注一道防水材料,形成两道防水材料,在底板处灌注一道,整体形成全封闭的防水结构。

**4.2.1** 对于维修项目,可根据工程建造时设置中埋式止水带情况进行变形缝防水构造选择;对于新建项目,目前均设置有中埋式止水带,因此变形缝防水构造应考虑中埋式止水带结构。维修项目施工时,工程已发生渗漏水,应注意查明水源,对水源进行封堵后再灌注防水材料。

**4.2.2** 参考标准 GB 50108 中防水混凝土设计抗渗等级划分时对工程埋置深度($H$)的分类:$H<10$ m,设计抗渗等级 P6;10 m$\leqslant H<$20 m,设计抗渗等级 P8;20 m$\leqslant H<$30 m,设计抗渗等级 P10;$H\geqslant$30 m,设计抗渗等级 P12。

综合考虑常规地下工程项目的工程埋置深度,以 20 m 作为分界线,将产品结构尺寸分为两类:防水材料厚度过厚,会对黏接界面产生较大反力;防水材料厚度过薄,抗老化性能和防水性能也会下降。因此,在综合考虑受力和耐久性情况下,制定了不同埋深下的防水材料厚度。

# 5 施 工

**5.2.1** 在施工工艺流程中,基面打磨、黏接面水分检测、型腔封闭及灌注柔性高黏接防水材料是关键工序。

地下工程施工时采用预埋泡沫板等填缝材料作为控制变形缝尺寸,在混凝土浇筑时,还会出现漏浆、泡沫板破坏压缩等情况,为了确保最终黏接质量及精确用料,需要采用专用工具在施工前进行变形缝基底清理、预埋板清除等工作,要求清理后的变形缝截面齐整,表面无浮灰、浮渣等。变形缝内预埋泡沫板清理后,局部会存在与结构物黏接的残余泡沫板,这会影响弹性体与结构物的黏接效果及寿命,需要采用专用打磨工具进行清理打磨。由于地下工程变形缝宽度小,处理深度大,因此需要开发专用清理及打磨工具。

黏接面水分检测采用含水率测试仪进行检查,检测点数量不少于5个。当含水率不符合要求时,可采用便携式热风机对基面进行加热干燥处理。

柔性高黏接防水材料浇筑时,由于存在立面浇筑,在整体浇筑时立面及底面液态防水材料会产生较大液压,若封闭不严则会造成物料泄漏,甚至无法施工,进而影响施工进度和质量,所以对浇筑型腔的防漏结构应进行重点检查,确保施工顺利进行。

地下工程变形缝周长较大,选择在顶板处进行柔性高黏接防水材料一次性灌注,相比于分段浇筑工艺,既节省人力、提高效率,且接角处不存在接缝处理,从而减少了因分段浇筑造成接缝处处理不善而引起的渗漏水风险。

**5.2.2** 灌注所用的柔性高黏接防水材料黏度小,且在灌注前均进行了真空脱泡处理,因此在型腔安封闭装置时无须设置排气孔。

**5.2.3** 冬季施工措施。一般正常情况下,为了保证施工进度及柔性高黏接防水材料固化情况,施工周期选择温度适宜的时间段(10 ℃以上),当低温(5 ℃以下)情况时,柔性高黏接防水材料固化性能急剧下降或者出现不固化的情况,需要考虑采取特殊措施对防水材料周围结构进行加热,确保与柔性高黏接防水材料接触的结构温度维持在15 ℃以上。加热灌注措施见图3。

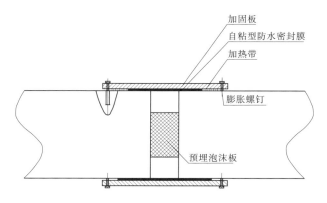

图 3　加热灌注措施